Benjamin Wilden

Aus der Reihe: e-fellows.net stipendiaten-wissen

e-fellows.net (Hrsg.)

Band 855

Realisierung einer organischen bzw. Farbstoffsolarzelle

Oder: MacGyvers Solarspiele

GRIN Verlag

Bibliografische Information der Deutschen Nationalbibliothek:

Die Deutsche Bibliothek verzeichnet diese Publikation in der Deutschen National-
bibliografie; detaillierte bibliografische Daten sind im Internet über http://dnb.d-
nb.de/ abrufbar.

Impressum:

Copyright © 2011 GRIN Verlag GmbH
Druck und Bindung: Books on Demand GmbH, Norderstedt Germany
ISBN: 978-3-656-54897-3

Dieses Buch bei GRIN:

http://www.grin.com/de/e-book/233071/realisierung-einer-organischen-bzw-farb-
stoffsolarzelle

GRIN - Your knowledge has value

Der GRIN Verlag publiziert seit 1998 wissenschaftliche Arbeiten von Studenten, Hochschullehrern und anderen Akademikern als eBook und gedrucktes Buch. Die Verlagswebsite www.grin.com ist die ideale Plattform zur Veröffentlichung von Hausarbeiten, Abschlussarbeiten, wissenschaftlichen Aufsätzen, Dissertationen und Fachbüchern.

Besuchen Sie uns im Internet:

http://www.grin.com/

http://www.facebook.com/grincom

http://www.twitter.com/grin_com

Inhaltsverzeichnis

1. Einleitung

1.1 Themenfindung

Ich hatte mich mit einem Bekannten, den ich bei Jugend forscht kennen gelernt hatte, über Solarzellen unterhalten, da diese durch die energieaufwendige Siliziumherstellung erst nach etwa 4 Jahren ihre CO_2-Emission wieder eingespart bzw. die Energierücklaufzeit überwunden haben. Er berichtete mir von seinem Projekt, indem er eine Grätzelzelle im Bezug auf den Wirkungsgrad verschiedener Farbstoffe untersuchen wollte. Das Thema der organischen Solarzelle interessierte mich auch und als bei der Themenfindung für die Facharbeit dieses Thema zur Sprache kam, war mir klar, dass ich es gerne übernehmen würde. Ich wollte zuerst eine „echte" organische Solarzelle bauen. Dies würde allerdings nur auf die Synthese verschiedener leitender Polymere hinauslaufen. Deshalb entschloss ich mich, eine Farbstoffsolarzelle zu bauen. Diese ist allerdings keine rein organische, sodass ich das Thema von ursprünglich „Realisierung einer organischen Solarzelle" zu „Realisierung einer organischen bzw. Farbstoffsolarzelle" anpasste.

1.2 Geschichte der Farbstoffsolarzelle

Nachdem einige Probleme der herkömmlichen Siliziumsolarzellen auftauchten, vor allem aber die recht lange Zeit von über 10 Jahren, um die teure Anschaffung rentabel zu machen, suchten die Forscher nach alternativen Möglichkeiten die Solarenergie nutzbar zu machen. Dabei versuchte man auch das Beispiel der Pflanzen, welche die Sonnenenergie zur Fotosynthese nutzen, nachzuahmen. Man erkannte, dass manche Farbstoffe, z.B. Chlorophylle, durch Photoanregung Elektronen abgeben können und somit elektrische Energie zur Verfügung stellen.

Ein Professor der Technischen Hochschule Lausanne (Schweiz) namens Michael Grätzel fand eine Möglichkeit, welche er 1991 in der Zeitschrift „Nature" als „solarähnliche organische Photovoltaik" (Nature, 1991, S.73) bezeichnete. 1992 bekam er das Patent auf die nach ihm benannte Grätzelzelle, welche im Labor immerhin 11,2% der zugeführten Energie umwandelte. Dies ist zwar im Vergleich mit den herkömmlichen Siliziumzellen, welche etwa 25% nutzen, recht wenig, jedoch gibt es Vorteile im Bereich der Herstellung und Kosten. Auch das Einsatzgebiet der Solarzellen wurde vergrößert, da die Flexibilität deutlich höher ist und die Materialstärke herabgesetzt bzw. die Transparenz erhöht werden konnte.

Dies liegt nicht nur daran, dass die verwendeten Materialien weniger rein und auch insgesamt nicht so teuer sind, sondern vor allem an der Erfindung leitender und halbleitender Polymere. Dafür erhielten Alan Heeger, Alan MacDiarmid und Hideki Shirakawa im Jahr 2000 den Nobelpreis. Damit ist es nun möglich nicht nur organische Solarzellen, sondern auch Farbstoffsolarzellen als dünne Folien herzustellen oder sogar auf beliebige Oberflächen zu drucken. Es könnte also bald möglich sein, Kleidung, Häuser und auch Fenster mit integrierten oder aufgedruckten Solarzellen auszustatten und so eine größere Fläche zu erreichen. Laut BOSCH soll dies bereits 2015 praktisch eingesetzt werden. BOSCH, MERCK, BASF, Schott und die Bundesregierung stellten zusammen 360 Millionen Euro zur Verfügung, um die Organische Photovoltaik zu optimieren.

(Informationen von www.ise.fraunhofer.de)

Abb.1: Erste praktische Anwendung der Farbstoffsolarzelle auf einem Rucksack. Das geringe Gewicht, sowie die Flexibilität, bieten hier große Vorteile gegenüber herkömmlichen Solarzellen.

2. Funktionsweise

2.1 Aufbau

Die Grätzelzelle ist relativ einfach aufgebaut. Zwischen zwei Elektroden, welche vorwiegend aus TCO-Glas („transparent conductive oxide") oder Kunststofffolien bestehen, befindet sich ein Halbleiter. Die Elektroden müssen für die Funktion lediglich transparent und elektrisch leitfähig sein. Der Halbleiter, meist Titandioxid, wird mit einem photoaktiven Farbstoff getränkt und zusätzlich ein Elektrolyt, meist Iod-Kaliumiodid-Lösung, zugefügt. Titandioxid wird deshalb verwendet, da es leicht als äußerst poröser Nanofilm aufgetragen werden kann, wodurch eine große Oberfläche entsteht, welche wiederum für die Anlagerung und Elektronenabgabe der Farbstoffe wichtig ist. Auf eine der Elektroden wird außerdem ein Katalysator aufgetragen, vorwiegend Graphit, aber auch Platin, um den Elektrolyt schneller in die Ausgangsform zurück zu überführen.

→ siehe 2.2

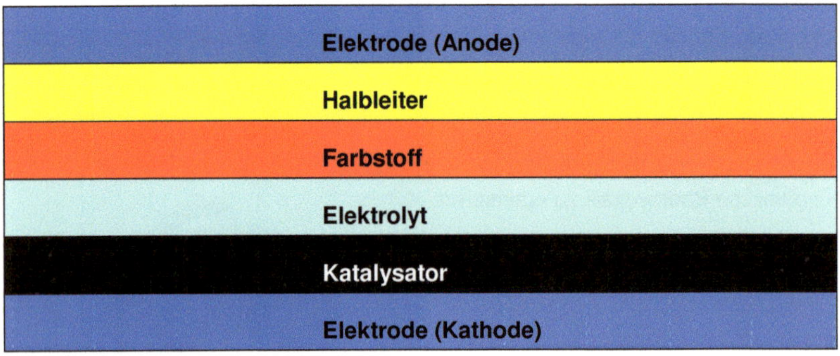

Elektrode (Anode)
Halbleiter
Farbstoff
Elektrolyt
Katalysator
Elektrode (Kathode)

Abb.2: Schematischer Aufbau der Farbstoffsolarzelle

2.2 Reaktionen

Im Gegensatz zu den Siliziumzellen, bei dem das Silizium den Strom leitet und die Elektronen direkt zur Verfügung stellt (nach Sonneneinstrahlung), werden bei der Grätzelzelle verschiedene Materialien eingesetzt, welche folgende Aufgaben übernehmen:

1. Zuerst gelangen die Lichtquanten, durch die transparente Elektrode, auf das Farbstoffmolekül (Fa). Dieses wird angeregt und ein Elektron auf ein höheres Energieniveau gebracht.

$$Fa + h\nu \rightarrow Fa^*$$

2. Halbleiter haben materialspezifisch und je nach Temperatur abhängige Abstände von Leitungs- und Valenzband. Je nach Umstand leiten oder isolieren sie, daher der Name Halbleiter. In diesem Fall befinden sich die angeregten Elektronen des Farbstoffmoleküls leicht oberhalb des Leitungsbandes des Titandioxids. Beim Übertreten der Elektronen in das Titandioxid „fallen" sie gewissermaßen aus dem angeregten Zustand. Durch das Titandioxid gelangen die Elektronen, sofern sie nicht zurück auf das Farbstoffmolekül übergegangen sind, zur Anode. Dies ist heutzutage bei einem guten Farbstoff zu etwa 90% der Fall.

$$Oxidation : Fa^* \rightarrow Fa_{ox} + e^-$$

$$Leitung : TiO_2 + e^- \rightleftharpoons TiO_2^-$$

3. Damit das Elektron nicht zum Farbstoffmolekül zurückkehrt, wird dem Farbstoffmolekül ein anderes Elektron aus der Elektrolytlösung übertragen. Dabei wird Iodid aus der Elektrolyt-Lösung zu Triiodid reduziert.

$$Oxidation : 3I^- \rightarrow I_3^- + 2e^-$$

$$Reduktion : 2Fa_{ox} + 2e^- \rightarrow 2Fa$$

4. Die Elektronen fließen nun von der Anode zur Kathode, wobei sie durch einen Verbraucher geleitet werden und dort Arbeit verrichten können. Von der Kathode gehen die Elektronen wieder auf den Elektrolyten über. Dies wird durch den Katalysator erleichtert.

5. Damit das System wieder in die Ausgangssituation gebracht wird, muss das Triiodid wieder zu Iodid werden. Dazu werden an der Kathode Elektroden an das Triiodid abgegeben. Dies wird durch den Katalysator zusätzlich erleichtert.

$$I_3^- + 2e^- \rightarrow 3I^-$$

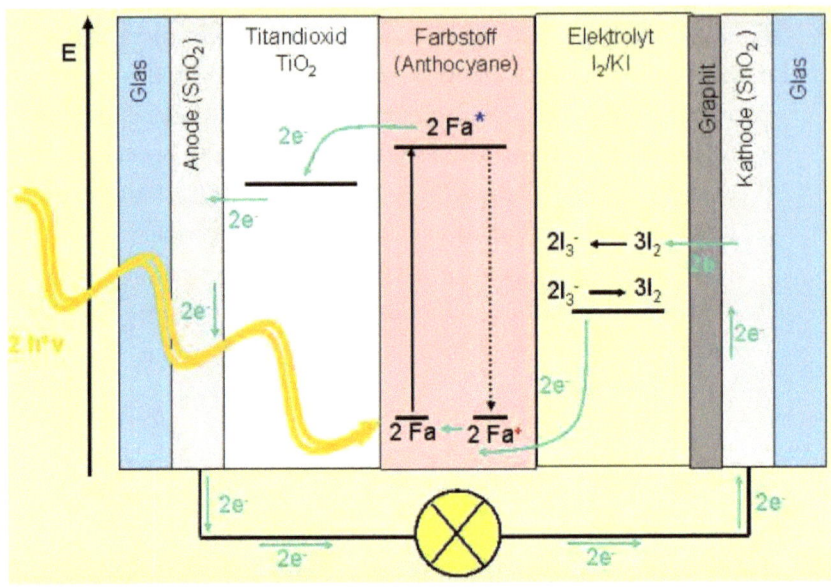

Abb.3: Zusammenfassung der Reaktionen in der Grätzelzelle

3. Vorgehensweise

3.1 Material

Die Besorgung des Materials bereitete zunächst einige Schwierigkeiten. Denn ich wollte eigentlich alles selber machen. Dazu besorgte ich mir einige Anregungen aus dem Internet, welche das Herstellen von TCO-Glas möglich machten. Die Materialien dazu entnahm ich der Anleitung:

„Chemikalien: Antimon(III)-oxid, Zinntetrachlorid-Pentahydrat, Methanol, konz. Salzsäure (als Lösung vorbereitet)" (Uni Bayreuth)

Das Antimonoxid konnte ich jedoch leider nicht besorgen und auch mein Chemielehrer Herr Schwarz konnte mir das Antimonoxid, aus Kostengründen, nicht zur Verfügung stellen.

Deshalb musste ich leider auf fertiges TCO-Glas zurückgreifen. Dies war jedoch leichter gesagt als getan. Denn die Firmen, welche TCO-Glas herstellen, konnten oder wollten mir keine Probe zur Verfügung stellen. Zunächst schrieb ich die Betreiber folgender Seiten an:

www.precision-coating.de

www.mitsui.de

www.ersol.de

www.oerlikon.com

www.bionik-sigma.de

www.solaronix.com

www.pilkington.com

www.fz-juelich.de

www.pgo-online.com

sowie später die Firmen Schott und Bosch.

Lediglich die letzte Firma, nämlich PGO (Präzisionsglas & Optik), war sehr freundlich, antwortete schnell, und bot mir eine Probe an. Die anderen antworteten mit Standartantworten und Verweisen, dass sie mir nicht helfen könnten. Deshalb war es leider nicht möglich, eine klassische Farbstoffsolarzelle zu bauen, doch ich dachte mir, dass eine transparente Elektrode ausreichen würde. Ich überlegte mir, dass Aluminiumfolie günstig und leitend ist. Diese wollte ich als zweite Elektrode verwenden. Sie ist auch hitzebeständig, denn das Titandioxid, welches ich noch in meiner Cemikalientonne hatte (Hans Wolbring GmbH, Keramische Farben), sollte nicht lange gesintert, sondern über dem Brenner kurz aber bei hoher Temperatur behandelt werden. Erste Versuche dazu verliefen recht positiv, obwohl ich dort die Titandioxidpaste, da keine Salzsäure vorhanden war, mit Phosphorsäure und Ethanol angerührt hatte. Dennoch zeigte sich, dass gesintertes Titandioxid recht unflexibel und daher nicht für Folien geeignet ist, da es dort brüchig wird. Aus diesem Grund wurde eine einfache haltbare Lösung gesucht. Als Elektrolyt wollte ich Iod-Kaliumiodid benutzen. Dies war aber bei einem vorläufigen Versuch nicht vorhanden, sodass ich eine Natriumchloridlösung benutzte. Da dies erfolgreich war, wollte ich nun nicht nur die Farbstoffe sondern auch den Elektrolyt wechseln.

3.2 Versuch

Der erste Versuch war eigentlich nur ein Test, ob ich das Prinzip verstanden hatte. Dazu wollte ich eine Farbstoffsolarzelle mit den Mitteln herstellen, die ich zur Verfügung hatte. Dies entwickelte sich aus dem Materialproblem, welches ich in 3.1 schon erwähnt habe. Daraus ergab sich dann, dass ich verschiedene Materialien, welche jeder im Haushalt hat, ermitteln wollte, um eine möglichst einfache und günstige Solarzelle bzw. eine Anleitung dazu zu entwerfen. Abgesehen davon wollte ich noch eine „bessere" Zelle mit den vorgegeben Mitteln verwirklichen und mit den „günstigeren" vergleichen. Folgende „Haushaltsmittel" wurden für den Test ausgewählt:

Material:	Marke:	Begründung für den Test:
Zahnpasta	Eurodont „Fresh Aktiv" durodont GmbH	Titandioxid wird in Zahnpasta häufig als Pigment verwendet. Sie ist günstig, in jedem Haushalt zu finden und absolut ungefährlich.
Farbe	Weiße Abtönfarbe Wilchens Farben GmbH	Auch in Abtönfarbe ist TiO_2 als Pigment. Sie ist leicht als dünner Film aufzutragen und wie sich später herausstellte, durch die Flüssigkeits-beständigkeit besser geeignet als Zahnpasta.
Grüner Tee	Grüner Tee aromatisiert mit Vanille-Sahne Markus Kaffee GmbH&Co.	Grüner Tee sollte, wie die nachfolgenden Teesorten, leicht zu besorgen oder vorhanden sein. Der enthaltene Farbstoff kann auf das $TiO2$ aufgetragen werden.
Schwarzer Tee	Ceylon Assam Westminster Tea Markus Kaffee GmbH&Co.	Der schwarze Tee enthält ebenfalls viele Farbstoffe, auch wenn man das aufgrund der braunen Färbung nicht glaubt.
Früchtetee	Früchtetraum Milford Tea GmbH&Co.	Früchtetee enthält viele Farbstoffe, vor allem Anthocyane, welche ebenfalls eingesetzt werden könnten.

Brennnesselfarbstoff	Self-made	Ich mörserte Brennnesseln und löste die Farbstoffe in Ethanol. Enthalten sind Chlorophylle, Carotinoide etc.
Kochsalz	Saline Bad Reichenhall	Eine gesättigte NaCl-Lösung eignet sich als Elektrolyt und es ist ebenfalls leicht zu beschaffen.
Essig (Wein-Branntwein-Essig)	Delikato Friedrich Feldmann GmbH&Co.KG	Essig ist ein etwas anderer Elektrolyt. Aber es muss ja nicht immer alkalisch sein.
Dornfelder (Likör)	Rückforth Peter Mertes KG Weinkellerei	Leider war gerade kein richtiger Wein vorhanden, aber die Vorteile, eines solchen sind, dass man Farbstoff und Elektrolyt in einem hat.

Abb. 4: Tabelle: Zu untersuchendes Material

Für die Vergleichszelle wurden folgende, bewährte, Materialien verwendet:

Halbleiter:	Titandioxid	TiO_2 , Cl 77891, E 171
Elektrolyt:	Iod-Kaliumiodid	KI * I_2, Lugolsche Lösung
Farbstoff:	Hibiskustee	Teehaus GmbH

Abb.5: Tabelle: Vergleichszelle Material

Um die Vergleichbarkeit zu gewährleisten, wurden alle Versuche zur selben Zeit an zwei sonnigen Frühlingstagen auf meiner Terrasse gemacht, sodass annähernd gleiche Lichtverhältnisse von etwa 70000lx vorhanden waren. Außerdem wurde versucht, die gleiche zu bestrahlende Fläche von etwa 4cm^2 beizubehalten. (Die Glasscheibe hat eine Fläche von 5 cm^2 und der Anschluss an die TCO-Elektrode ist ein 1cm^2 Aluminiumfoliestück.)

4. Ergebnisse

4.1 Ergebnisse der Versuche

Die Ergebnisse der Versuche waren sehr unterschiedlich. Alle von mir ausgewählten Materialen erfüllten ihre Zwecke. Dies war so erwartet, da ich die jeweiligen Dinge aus diesem Grund ausgewählt hatte. Dennoch gab es große Unterschiede in der Leistung und auch in der praktischen Anwendung. Beispielsweise zeigte sich, dass Zahnpasta und Farbe nicht gesintert werden müssen, um ein akzeptables Ergebnis zu liefern. Ein Problem bei der Zahnpasta war jedoch das gleichmäßige auftragen eines ausreichend dünnen Filmes. Außerdem löste sich die Zahnpasta zu schnell, sodass keine dauerhafte Funktion möglich war und auch beim Auftragen des Farbstoffs oder Elektrolyten die Schicht zerstört werden konnte.

Überraschend war die Farbe, welche nicht nur leicht aufzutragen und schon beim Aufbringen mit Farbstoffen versetzt werden konnte, sondern auch sehr beständig und feuchtigkeitsresistent war.

Die Versuche konnten unter annähernd gleichen Bedingungen, wie in 3.2 beschrieben, durchgeführt werden und die Spannung bzw. die Stromstärke mittels eines Multimeters (düwi, Digital Multimeter 07074) abgelesen werden.

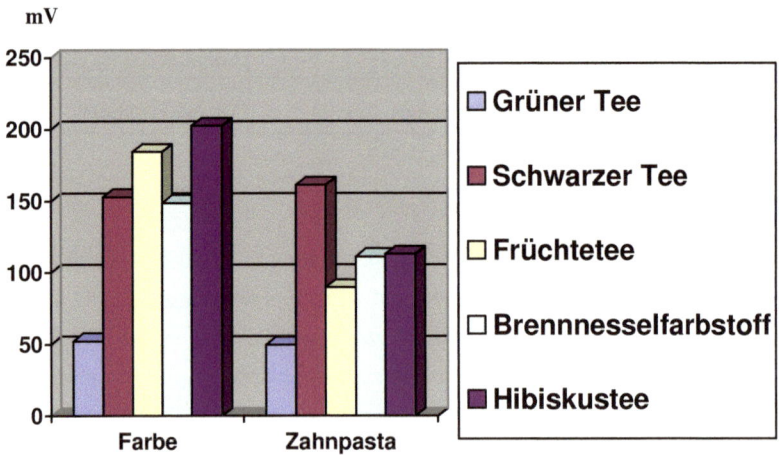

Man sieht, dass die Spannung, bis auf bei dem Versuch mit Schwarzem Tee, in einer mit Farbe bestrichenen Zelle höher ist. Ich vermute, dass dies an den Verlusten liegt, welche durch abgelöste Zahnpasta verursacht wurden. Das würde auch den einen Ausreißer erklären, da die Schicht dort vermutlich dicker war.

Außerdem fällt auf, dass stark färbende Stoffe mehr Spannung liefern. Dies ist dadurch zu erklären, dass die Farbstoffdichte dort am größten ist, wobei der Früchtetee besonders effizient zu sein scheint, da er verglichen mit schwarzem Tee und Brennnesselfarbstoff recht dünn bzw. durchsichtig war. Dies führt mich zu dem Schluss, dass rote Farbstoffe besonders geeignet sind. Dieses Ergebnis deckt sich mit der Literatur und wird durch den ebenfalls roten und erprobten Hibiskustee noch unterstützt. (vgl. Grätzel, 2000)

Die Stromstärken waren recht analog zu den Spannungen, können aber wie alle genauen Messwerte der Tabelle im Anhang entnommen werden. Ich denke jedoch, dass man auf einem Diagramm leichter die Unterschiede sehen kann. Deshalb möchte ich nun auf ein Diagramm der Elektrolyte eingehen.

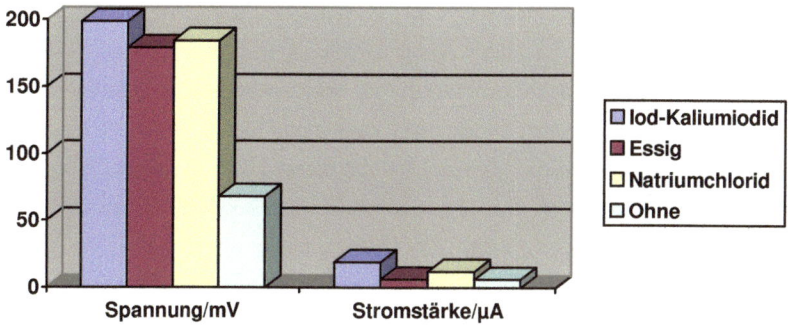

Abb.7: Gemessene Spannung und Stromstärke verschiedener Elektrolyte

Man sieht, dass sich die Spannung und die Stromstärke nahezu analog verhalten. Außerdem fällt auf, dass sich nur ein verhältnismäßig geringer Unterschied der einzelnen Werte der verschiedenen Elektrolyte feststellen lässt. Dies zeigt, dass es nicht so sehr auf einen Elektrolyten ankommt, sondern nur wichtig ist, dass ein Elektrolyt vorhanden ist. Denn wenn man den Früchtetee ohne Elektrolyten aufträgt, erhält man weniger als die Hälfte der Spannung.

12

Abgesehen davon gibt es auch die Möglichkeit, Elektrolyt und Farbstoff in einem aufzutragen, denn bspw. Dornfelder oder auch Iod-Kaliumiodid liefern eine eindeutige Spannung von immerhin ca. 95 mV (Dornfelder auf Farbe) oder sogar 162 mV (Iod-Kaliumiodid auf TiO_2). Man könnte dies vermutlich noch verbessern, indem man recht sauren Wein oder vielleicht besser farbigen Essig aufträgt.

Der Vergleich mit der „besseren" Zelle zeigt, dass auch eine Zelle, welche aus Hausmitteln hergestellt ist, durchaus mithalten kann (323mV zu 203mV) und für den privaten Gebrauch oder Demonstration der Funktion aufgrund der Kostenersparnis besser geeignet sein kann.

4.2 Anleitung zu einer einfachen und günstigen Farbstoffsolarzelle

Material: Aluminiumfolie, weiße Farbe (mit TiO_2 als Pigment, was bei den meisten dickflüssigeren Farben der Fall ist), Natriumchlorid, Früchtetee (je roter desto besser), TCO-Glas (evt. aus alten Isolierfenstern), evt. Bleistift, Tesafilm.

Durchführung: Auf ein Stück Aluminiumfolie streicht man eine dünne Schicht Farbe, in welche schon vorher etwas kalter Früchtetee eingerührt wurde. Nachdem diese Schicht getrocknet ist, kann man Früchtetee und Natriumchlorid zu etwa gleichen Teilen mischen und von dieser Mischung einige Tropfen auf der Farbe verstreichen. Nun fügt man ein kleines Stückchen Aluminiumfolie an den Rand, sodass es nicht die Aluminiumfolie unter der Farbe berührt. Anschließend legt man das TCO-Glas, auf welches man, wenn man möchte, noch etwas Grafit mit dem Bleistift auftragen kann, so auf das Ganze, dass das Alu-Stück einen guten Kontakt hat und über das Glas hinausragt. Jetzt muss man nur noch alles kräftig zusammendrücken und in die Sonne legen. Wenn man eine längere Funktion gewährleisten möchte, sollte man jetzt noch die Ränder mit Tesafilm verkleben, damit die Farbstoff-Elektrolyt-Lösung nicht austrocknet.

Beobachtung: Durch den Farbstoff bekommt die Farbe eine leicht rosa Färbung, welche beim späteren Auftragen noch verstärkt wird. Wenn man dies nun in die Sonne legt, kann man eine deutliche Spannung im Millivoltbereich und auch ein Stromstärke im Mikroamperebereich messen.

5. Fehler und Ungenauigkeiten

Wie ich im Vorherigen schon angedeutet habe, gibt es einige Fehlermöglichkeiten, die die Ergebnisse verfälschen können. Dabei ist der Fehler des Messgerätes zu vernachlässigen, da es einen Fehler von 0,5% bei der Messung der Spannung und 1% bei der Messung der Stromstärke aufweist und dies im Vergleich zu den nun aufgeführten Fehlern verschwindend gering ist.

Menschliche Fehler dürften die größte Ungenauigkeit bewirken, da ich beim ablesen der Werte, welche stark schwankten, teilweise willkürlich den höchsten angezeigten Wert aufgeschrieben habe und auch sonst kaum wirklich genaue Verhältnisse im Bezug auf die Zelle schaffen konnte. So ist, wie ich schon einmal angedeutet hatte, die relevante Fläche, die von der Sonne erreicht wurde, leicht unterschiedlich gewesen. Auch die Sonnenintensität selbst kann geschwankt haben, jedoch ist dies auch bei Lampen der Fall. Vor allem die eventuell auslaufende Flüssigkeit bewegte mich dazu, den Versuch draußen durchzuführen. Abgesehen davon ist auch die Farbstoff- und Elektrolytintensität bzw. -konzentration nicht 100%ig vergleichbar, da die Tees zwar die gleiche Zeit zum Ziehen hatten, die Farbstoffe sich jedoch unterschiedlich schnell lösen und auch in unterschiedlichem Maß vorhanden sind. Auch die Dosierung, welche mittels einer Pipette jeweils ca. 4 Tropfen betrug, ist ungenau, da die Tropfengröße sicher nicht immer genau gleich war und weil meistens etwas Flüssigkeit abgelaufen ist. Insgesamt fällt also auf, dass meine Versuche keine wissenschaftlich exakten Werte liefern, sondern lediglich eine Tendenz zeigen.

6. Literaturverzeichnis

Ferber, J. et al. Proc. of the 12th Workshop on Quantum Solar Energy Conversion, Selva Gardena, 2000

Grätzel, M. Prog. in Photovoltaics: Research & Applications 2000, 8, 171 – 185

Gschwender, Oliver (Online Realisierung):Uni Bayreuth im Internet unter: www.uni-bayreuth.de (Stand: 22.03.2011) (Der von mir aufgerufene Artikel war zu dieser Zeit schon veraltet und wie auch Abb.3 nur noch über eine Suchmaschine mit anschließendem Screenshot zu lesen)

O'Regan, B.; Grätzel: M. Nature 1991, 353, 737 – 740

Schneider, Karin (Verantwortliche Redakteurin): Fraunhofer Gesellschaft im Internet unter: www.ise.fraunhofer.de (Stand: 12.03.2011)

Voigt, Monika M.; Mackenzie, Roderick C.I.; Yau, Chin P.; Atienzar, Pedro; Dane, Justin; Keivanidis, Panagiotis E.; Bradley, Donal D.C.; Nelson, Jenny: Gravure printing for three subsequent solar cell layers of inverted structures on flexible substrates, Solar Energy Materials and Solar Cells; Journal Volume: 95; Journal Issue: 2

7. Abbildungsverzeichnis

Abb.1: Erste praktische Anwendung der Farbstoffsolarzelle auf einem Rucksack. Das geringe Gewicht, sowie die Flexibilität, bieten hier große Vorteile gegenüber herkömmlichen Solarzellen.

Quelle: http://www.photoscala.de/grafik/2009/Solar-G24i-Rucksack.jpg

Abb.2: Schematischer Aufbau der Farbstoffsolarzelle

Abb.3: Zusammenfassung der Reaktionen in der Grätzelzelle
Quelle: http://www.old.uni-bayreuth.de/departments/didaktikchemie/umat/titandioxid/graetzelzelle.gif

Abb.4: Tabelle: Zu untersuchendes Material

Abb.5: Tabelle: Vergleichszelle Material

Abb.6: Erzeugte Spannung verschiedener Farbstoffe auf verschieden TiO_2-Trägern

Abb.7: Gemessene Spannung und Stromstärke verschiedener Elektrolyte

Die Formeln wurden mit Hilfe von www.codecogs.com erstellt.

Bilder auf dem Titelblatt stammen von mir, wie auch die im Anhang, oder von meiner Freundin (Larissa Robra).

8. Selbstständigkeitserklärung

Hiermit versichere ich, dass ich alle Quellen und Hilfsmittel ordnungsgemäß angegeben habe und die Arbeit von mir, Benjamin Wilden, selbstständig verfasst wurde.

Datum: _____ Unterschrift: _____.

9. Anhang

Material:	Spannung in mV:	Stromstärke in µA:
Brennessel+Farbe+NaCl	148,7	11
Brennessel+Zahnp.+NaCl	111,1	11
Grüner Tee+Farbe+NaCl	52,3	6
Grüner Tee+Zahnp.+NaCl	49,7	5
Schwarzer Tee+Farbe+NaCl	152,8	14
Schwarzer Tee+Zahn.+NaCl	161,2	16
Frücht.+Farbe+NaCl	184,3	9
Frücht+Zahnp.+NaCl	89,7	7
Hibiskus+Farbe+NaCl	203,3	14
Hibiskus+Zahnp.+NaCl	112,8	12
KI+TiO_2	162,5	11
Dornfelder+Farbe	94,7	8
Frücht.+Farbe+KI	198,7	19
Frücht+Farbe+Essig	179,1	6
Wasser+TiO_2	17,0	0,5
Frücht.+Farbe	67,9	6
Hibiskus+Farbe+KI	209,5	19
Hibiskus+TiO_2+KI	293,3	19
Hibiskus+Farbe+KI (kalt)	323,1	18

Tabelle der Messwerte auf die sich in dieser Arbeit bezogen wird. Weitere Messungen wurden durchgeführt, waren aber doppelt, fehlerhaft oder nicht relevant.

Zahnp.= Zahnpasta
Frücht.= Früchtetee
KI= Iod-Kaliumiodid
TiO_2= Titandioxid

16

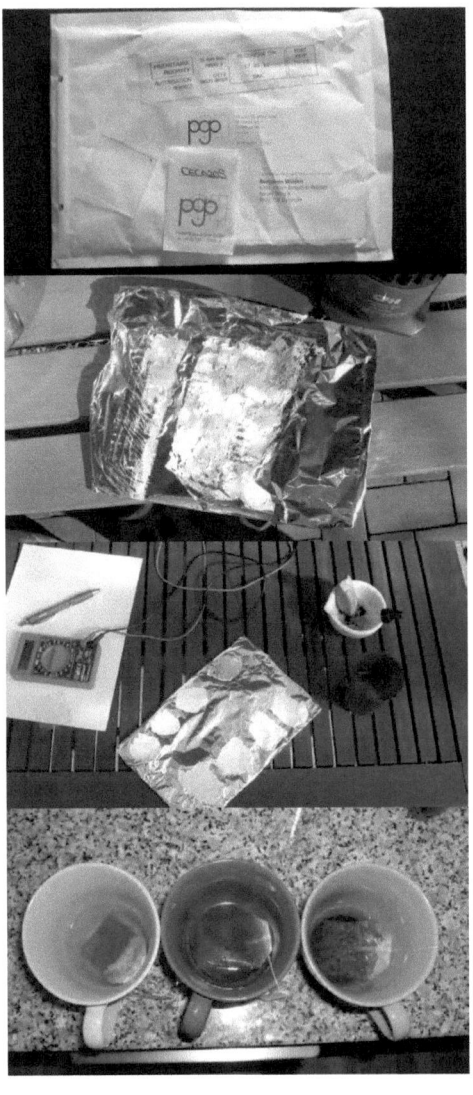

Die Sendung von PGO
ist angekommen und das
Glas war sorgfältig
verpackt.

Das mit dem Brenner
gesinterte TiO_2 ist auf
der Folie recht brüchig.

Der Versuchsaufbau mit
mehreren Farbzellen.

Unterschiedliche
Farbintensität nach
identischer Ziehzeit.

Die Zubereitung der Farbstoffe.

Messstand Nummer 2.

Die tiefrote Farbe des Hibiskustees ist sehr effizient.

Messstand Nummer 3. Test verschiedener Elektrolyte.

Die Chemikalientonne, in der sich Reste und nicht benötigtes befinden und zum Glück auch TiO$_2$.

Zutaten für die Titandioxidpaste (dies war ein Test mit Iod-Kaliumiodid von Anfang an)

Die Chromatographie in dem Mörser zeigt, dass im Brennnesselfarbstoff verschiedene Farbstoffe vorhanden sind.

Genau abgegrenzte Zelle, welche einen Flächenmäßig zu großen Anschluss hat.